DES RAPPORTS

ENTRE

LES RACINES ET LES BRANCHES DES ARBRES

AU POINT DE VUE

DE L'ACCLIMATATION ET DES REPEUPLEMENTS ARTIFICIELS

PLUS PARTICULIÈREMENT EN CE QUI CONCERNE

LES ARBRES FORESTIERS OU EN MASSIFS

PAR

M. M. REGIMBEAU

Inspecteur des Forêts

NIMES

TYPOGRAPHIE SOUSTELLE

9, Boulevart Saint-Antoine, 9.

1873

« Pour arriver à la connaissance de *l'Être,* il faut l'étudier soit » dans son principe ou dans le germe de son existence, soit dans ses » attributs ou sa vie, c'est-à-dire soit à son origine ou dans ses » racines, soit dans son développement ou dans ses rapports avec ce » qui l'entoure. » (*De l'Être. Etudes philosophiques.* M. M. R.)

Dans les racines!..... Mais alors n'est-ce pas dans les racines avant tout et dans leurs rapports..... qu'il faut étudier les végétaux? De là, notre principe originel et provocateur ou indicateur :

C'est dans les racines surtout et dans leurs rapports avec les branches qu'il faut étudier la vie des arbres.

« *Les essences forestières* se rangent en deux groupes : *Bois* » *feuillus* et *Bois résineux.* Cette division *convient principalement* » en ce qu'elle se fonde sur les caractères pris dans la nature même » du bois et de sa végétation.

» Les bois qui composent le premier groupe portent des *feuilles* » *qui meurent et tombent* à chaque automne et sont renouvelées au » printemps suivant, excepté cependant *l'yeuse* et *le chêne-liége* qui » conservent leurs feuilles toute l'année. *Les sucs* qui circulent » dans *les vaisseaux* sont généralement aqueux, rarement gommeux » et ne sont *jamais résineux.* Ils ont tous plus ou moins la propriété » de produire des *rejets de souches ou de racines,* lorsque la tige est » coupée par le pied.

» *Les bois résineux* ont généralement une disposition à croître en » hauteur. Leurs *feuilles* sont linéaires, acuminées, raides et » *persistent* pendant plusieurs années sur l'arbre. *Le mélèze* seul » fait exception quant à la nature de ses feuilles; quoique linéaires » et acuminées, elles sont tendres et tombent, à chaque automne, » comme celles des bois feuillus. Les arbres de ce groupe ne » possèdent pas la faculté de se reproduire par *rejets de souches ou*

» *de racines*. Leurs *sucs* sont *résineux*. » (Parade. *Culture des bois*, chapitre 1er.)

Forestièrement, c'est donc *dans les feuilles* (caduques ou persistantes), *dans les racines* (survivant ou ne survivant pas à la tige coupée par le pied) *et dans les vaisseaux et les sucs* (aqueux, gommeux ou résineux) *qu'il convient principalement* d'étudier les bois.

Les racines et les branches puisent dans le sol ou absorbent dans l'air atmosphérique les matériaux nécessaires à la vie commune, à laquelle toutes concourent par des échanges qui s'établissent à travers la tige où s'élaborent, se transforment et voyagent les sucs.

L'étude de la *tige*, des tissus, des sucs et des vaisseaux qui la composent et des manipulatons dont elle est le laboratoire forestièrement secret sera peut-être au-dessus de nos forces; nous l'aborderons bientôt cependant, amenés que nous y serons sans doute logiquement et par la force même des choses.

Pour le moment, nous nous bornerons à l'étude de ce qui est forestièrement visible et palpable : *à l'étude physiognostique des racines et des branches*.

Le champ que je me propose d'explorer n'est peut-être pas le bon. Mais, *dans ce cas même*, pourquoi ne pas espérer que cette exploration en provoque d'autres et conduise à la découverte de nouvelles et meilleures terres? Dans tous les cas, j'aurai fait preuve de bonne volonté.

Forestièrement et sous la réserve des quelques exceptions signalées, on peut regarder et nous regarderons, conformément à l'usage, comme synonymes les expressions : *Bois à feuilles caduques* et *bois feuillus*, *Bois à feuilles persistantes* et *bois résineux*.

Avertissement. — Généralement tout ce qui n'est pas déduit de nos principes ou de nos règles est rédigé sous forme de note.

DES RAPPORTS

ENTRE

LES RACINES ET LES BRANCHES DES ARBRES

AU POINT DE VUE

DE L'ACCLIMATATION ET DES REPEUPLEMENTS ARTIFICIELS

PLUS PARTICULIÈREMENT EN CE QUI CONCERNE

LES ARBRES FORESTIERS OU EN MASSIFS

PREMIÈRE PARTIE : PRINCIPES.

I

CE N'EST QU'UN PROJET DE THÉORIE.

Si l'on examine de près l'état de nos connaissances au chapitre de la multiplication (*repeuplements artificiels*) et de la propagation ou de *l'acclimatation* des arbres *forestiers*, on est frappé des incertitudes et de l'obscurité qui règnent en cette matière.

Non seulement il n'y a pas de règles étayées d'études complètes à l'égard de chaque essence ; mais encore l'on manque de données générales suffisantes tant au point de vue des faits observés qu'à celui des principes déduits.

Le moment me paraît venu d'aborder vigoureusement ces études. *L'œuvre du reboisement des montagnes* n'a pu marcher d'abord qu'en tâtonnant, parce qu'on ignorait ; mais aujourd'hui l'observation des faits doit y être assez avancée, pour nous mettre à même d'élucider les doutes, corroborer ou non les idées préconçues, confirmer ou infirmer les principes aperçus et les règles proposées. Le moment est venu de savoir.

A un point de vue général, les principes, en philosophie, conduisent aux règles ou aux faits, et l'observation des faits n'a d'autre fin que de confirmer ou assurer dans sa marche la logique des déductions et la juste application des lois.

Dans les sciences physiques, au contraire, il faut observer avant tout, distinguer ensuite et grouper les faits, caractériser les groupes et les définir, pour en dégager finalement les lois et poser les principes.

On peut bien, il est vrai, comme nous allons le faire, déduire quelquefois de principes généraux d'autres principes qui le soient moins ; mais il faudra toujours que les faits observés confirment les principes déduits et l'observation ne sera concluante que si les faits observés sont nombreux et suffisamment étudiés.

Plus ou moins pauvre d'observations et d'expérience, comme tous ceux qui n'ont pas assidûment concouru à l'œuvre du reboisement des montagnes, je livre donc à la critique des riches en faits observés un ensemble, *déjà vieux*,(1) d'idées qui constitueraient,

---

(1) Voici, en effet, ce que je lis dans mes premières *études sur les forêts* (travail inédit, mais communiqué et qui sera publié en son temps) : « Si nous voyons, par exemple, au chêne un feuillage clair, nous pouvons en conclure que ses racines jouissent d'un tempérament robuste contre la chaleur, et que ces racines, si elles ne sont pas robustes contre le froid, doivent pivoter ; que, si le chêne n'est ainsi plus ou moins robuste contre le froid que parce qu'il pivote, il lui faudra donc naturellement, abstraction faite de la composition chimique du sol, un sol plus ou moins pénétrable et profond ; moins le sol sera pénétrable et profond, plus il devra jouir de propriétés calorifiques qui affaiblissent ses propres variations de température, et ce d'autant plus à mesure que grandit l'échelle des variations thermiques de l'atmosphère. »

La première partie de ces études avait pour objet *les climats en général.* Nous la compléterons : 1° d'un *Essai de météorologie forestière* que nous n'avions abordé qu'au point de vue de la deuxième partie, et n'avions ainsi qu'ébauché à peine ; 2° d'une étude de *l'influence des forêts sur l'amélioration de la race* (*humaine*).

La deuxième partie, dont la première n'était que le préliminaire et qui avait pour titre : *Des inondations et de l'aménagement des montagnes*, fut présentée, sous forme de mémoire, à l'Académie des sciences, dans le courant de l'année 1860. Nous la compléterons : 1° d'un examen rétrospectif de sa valeur pratique et du profit qu'on aurait pu en tirer ; 2° d'un coup-d'œil consciencieux — c'est le seul moyen d'être utile — sur ce qu'on a fait de bien, d'inutile ou de mal et sur ce qui est à refaire ou reste à faire.

si elles étaient confirmées par les faits, un *projet de théorie* que l'on pourrait intituler : *Des rapports entre les racines et les branches des arbres*, au point de vue de la multiplication des individus et de la propagation des espèces ou, en d'autres termes, *au point de vue des repeuplements artificiels et de l'acclimatation, plus particulièrement en ce qui concerne les arbres forestiers ou en massifs.*

Mon intention n'est pas de prendre part immédiatement à la discussion que je provoque ; mais, une fois venu, si elle s'établit, le moment de la résumer, je me réserve d'y intervenir, prêt à rejeter le faux comme stérile ou nuisible ; prêt à maintenir et défendre le vrai comme fertile en applications utiles.

II

DES RACINES ET DES BRANCHES : — RAPPORTS GÉNÉRAUX.

Tout ce qui vit vit de la terre et de l'air, sous l'action plus ou moins vive de la chaleur et de la lumière ; les animaux qui se meuvent et les végétaux qui ne se meuvent point. L'eau nourrit, ou dissout, prépare et charrie une partie de la nourriture.

Les racines des arbres fouillent incessamment la terre qu'elles entrelacent et qui les enserre ; les feuilles qui poussent aux branches se livrent ou s'abandonnent, tantôt légères et tantôt réservées, aux caprices de l'air qui les baigne et les caresse, les agite ou les tourmente.

A voir la ténacité des unes à s'enfoncer ainsi dans le sol, comme pour fuir l'excès de chaleur et la lumière, tandis que les autres s'élèvent ou s'étalent dans l'atmosphère et que les fleurs s'épanouissent aux rayons du soleil, ne serait-on pas tenté de croire à des antipathies ?

Mais les unes et les autres concourent à leur développement réciproque et, par ce développement réciproque, à celui commun de la tige.

Aussi n'y a-t-il pas à douter qu'il y ait entre les racines et les branches par lesquelles vivent les arbres des rapports de la nature la plus intime, et tout engage à présumer que les troubles apportés dans ces rapports naturels par les circonstances qui président à la multiplication comme à l'acclimatation de ces végétaux sont la principale cause des insuccès qu'on éprouve dans les opérations ou tentatives de l'espèce.

Si la deuxième partie de cette proposition est vraie, il n'y a pas à douter non plus que l'étude de ces rapports entre les racines et les branches n'apprenne à prévenir ou atténuer les troubles que ces opérations amènent dans ces rapports et n'aide conséquemment au succès desdites opérations.

Les fonctions des racines ne consistent pas uniquement ni principalement, comme on a pu quelquefois le dire, à soutenir le végétal. S'il en était ainsi, pourquoi le blé tracerait-il, quand la luzerne enfonce ses racines jusqu'à plus d'un mètre de profondeur dans le sol ? Les racines soutiennent sans doute le végétal ; mais ce n'est là qu'une fonction mécanique et nécessaire seulement à la stabilité, mais non physiologique, c'est-à-dire non essentielle à la vie ; de même que les branches ne remplissent qu'une fonction mécanique, en recouvrant le sol de leur feuillage, pour y maintenir plus ou moins de fraîcheur et protéger les racines contre les excès de froid ou de chaud.

De là, des rapports entre les racines et les branches, que j'appellerai : *Rapports physiques*.

Physiologiquement, les racines ont pour principale fonction de puiser dans le sol, comme les branches d'absorber dans l'air atmosphérique, les substances nécessaires à l'alimentation générale, à la vie du végétal.

Et de là, des *rapports physiologiques*.

III

RAPPORTS PHYSIQUES : — DE L'ÉPAISSEUR DU FEUILLAGE ET DE LA DISPOSITION DES RACINES. — DU TEMPÉRAMENT.

La chaleur croît, en hiver, et décroît, en été, à mesure qu'on pénètre dans le sol, jusqu'à une certaine profondeur variable et croissante avec les latitudes (3 mètres à Paris ; quelques décimètres à l'équateur), où elle devient constante et égale à la chaleur moyenne du point de la surface correspondante. (A partir de cette profondeur à température constante et au-dessous, la chaleur va toujours croissant de 1 degré par chaque 40 mètres de profondeur.)

La chaleur du sol croît, au printemps, à mesure qu'on pénètre dans l'été, et décroît, à l'automne, à mesure qu'on pénètre dans l'hiver.

La végétation, le couvert a pour effet de ralentir ou modérer le réchauffement comme le refroidissement du sol (1).

Enfin, de ce que les variations de température sont moins étendues et surtout moins brusques dans le sol que dans l'atmosphère, il est naturel de conclure que les racines sont naturellement ou constitutionnellement plus sensibles que les branches et les feuilles à ces variations et que *c'est* donc *surtout dans les racines qu'il faut étudier le tempérament,* cas particulier de *la vie des arbres.* — Confirmation de notre principe originel.

L'utilité d'études sur la prédominance du rôle des racines dans la végétation sera peut-être contestée à l'égard des acclimatations par ceux qui les traitent de chimères ; mais ne paraît pas contestable à l'égard des semis ; encore moins à celui des plantations.

Evidemment la plantation ne se fait jamais sans blessures ni douleur ; et qui en souffre le plus, si ce n'est pas les racines ? Et alors n'est-ce pas avant tout et surtout des racines qu'il faut se préoccuper ?

---

(1) L'effet du *couvert* mesuré au thermomètre et à l'air libre est assez sensible ; mais les degrés du thermomètre ainsi placé sont loin d'exprimer les degrés de refroidissement du sol.

Le *découvert,* en effet, laisse au vent toute son action, et plus le vent sera sec et violent, plus active sera l'évaporation. Or l'évaporation est une des plus puissantes causes de froid, et cela, pour le sol et les végétaux comme pour les animaux et comme pour nous. Ainsi dans une atmosphère tranquille et à — 10°, par exemple, on aura beaucoup moins froid que dans une atmosphère à 0° seulement, mais sèche et violemment agitée : thermométriquement, les hivers sont beaucoup moins froids à Nîmes qu'à Altkirch ; par accident, on y souffre beaucoup plus du froid.

En d'autres termes, termes qui définissent le *climat sensible :* Le *climat thermométrique* est beaucoup moins froid à *Nimes* qu'à *Altkirch* ; par accident le *climat sensible* y est plus froid.

Aphorisme : — L'amplitude du *climat sensible* est plus grande que celle du *climat thermométrique. Le couvert* affaiblit l'amplitude du *climat thermométrique* et plus encore celle du *climat sensible.*

Cela posé :

De ce que *tel arbre* est garni de feuilles en hiver et en été, l'on peut conclure que ses racines ont besoin d'une protection relative contre les ardeurs du soleil et contre les rigueurs des frimas ;

De ce que *tous arbres* sont garnis de feuilles en été, l'on peut conclure que les racines de tous les arbres ont besoin d'une certaine protection contre les ardeurs du soleil ; et conclure aussi que le besoin de protection est plus ou moins proportionnel à l'épaisseur du feuillage ;

Enfin, de ce que *tel arbre* se dépouille de ses feuilles ou se déshabille en hiver, on peut conclure que ses racines sont constitutionnellemeut plus ou moins capables de résister aux excès de froid ;

Et, dans ce dernier cas surtout, que les racines ont d'autant plus besoin de pivoter, comme le chêne, qu'elles craignent plus le froid, ou d'autant plus de tendance à tracer, comme le hêtre, qu'elles le craignent moins.

De telle sorte qu'on peut dire, *en principes,* des racines, au point de vue forestier et en termes moins généraux :

1° Que *les résineux redoutent plus que les feuillus les variations annuelles de température* (puisqu'ils sont constitués pour y mieux résister). — 1er Principe.

2° Que *toute essence (résineuse ou feuillue) craint d'autant moins le chaud que son feuillage est moins épais* (puisqu'elle aurait la ressource d'épaissir son feuillage, au contact obligé d'une chaleur plus vive). — 2e Principe.

3° Que *toutes essences, les feuillues surtout, craignent d'autant moins le froid, que leurs racines tracent davantage* (puisqu'elles auraient la ressource de tracer moins, au contact obligé d'un froid plus vif). — 3e Principe.

Exemples :

Le *chêne* pivote, donc il craint le froid ; son feuillage est léger, donc il ne craint pas le chaud.

Le *hêtre* trace, donc il ne craint pas le froid; son feuillage est épais, donc il craint le chaud.

L'*orme*, qui trace et s'enracine obliquement, craint plus un accroissement de froid que le *hêtre* ; son feuillage étant moins épais, il craint moins un accroissement de chaud.

L'*érable*, qui pivote plutôt qu'il ne trace et dont le feuillage est épais, craint plus le chaud que le froid.

Le *charme* et le *châtaignier*, qui s'enracinent obliquement, sont moyennement robustes ; mais l'épaisseur de leur feuillage indique qu'ils résisteraient moins à un accroissement de chaleur.

Le *bouleau*, le *saule* et le *peuplier*, qui tracent et dont le feuillage est léger, sont très-robustes.

Le feuillage de l'*épicéa*, celui du *sapin* sont très-touffus ; mais l'*épicéa*, qui trace, est plus robuste que le *sapin*, qui pivote.

Les *pins* en général, dont l'enracinement est oblique et dont le feuillage est moins épais, résistent mieux à un accroissement de chaud qu'à un accroissement de froid.

Le *pin d'Alep*, qui trace et dont le feuillage est léger, doit être très-robuste à *Alep*.

Le *cèdre*, par son enracinement robuste, se comporte vis-à-vis du froid comme la plupart des pins ; son feuillage épais indique qu'il redoute les accroissements de chaud.

Le *mélèze*, qui perd ses feuilles en hiver et s'enracine obliquement par de fortes racines, desquelles partent un grand nombre d'autres racines plus ou moins traçantes, est robuste contre le froid ; et puisque son feuillage est léger, il est donc robuste aussi contre les plus vives chaleurs des régions où il est indigène.

TEMPÉRAMENT. — Ces considérations et ces exemples nous amènent, par le besoin de préciser, à une étude générale du tempérament.

Au point de vue de la chaleur, on peut définir *le tempérament* (*tempérament thermique*) des arbres : *leur constitution relativement à leur mode de réaction contre la chaleur* ou *leur capacité de résistance aux maximas et minimas de température auxquels ils sont naturellement soumis.*

Il y a dans le *tempérament thermique* d'un arbre ce que nous appellerons :

1° Son *centre*, qui n'est autre que le point ou le lieu de son tempérament thermique moyen ;

2° Son *amplitude* ou la distance de l'une à l'autre des résistances extrêmes ;

3° Sa densité ou sa *puissance*, que nous allons analyser et définir.

Soit, par exemple, trois espèces d'arbres, le *chêne*, le *hêtre*, et le *bouleau*, doués, par hypothèse (hypothèse gratuite), de tempéraments identiques *de fait*, c'est-à-dire qui végètent sous le même climat thermométrique de — 20° à + 40° et qui ne végèteraient plus normalement tant au-dessous de — 20° qu'au-dessus de + 40°. (— 20° à + 40° exprime ou représente *l'amplitude du climat thermique* où *le climat thermométrique.*)

+ 10° représentera le tempérament moyen de ces trois espèces d'arbres et sera thermométriquement leur *centre* de tempérament.

L'*amplitude* de leur tempérament sera de 20 + 40 = 60 degrés thermométriques.

Ainsi, dans notre hypothèse (hypothèse gratuite, nous le répétons) *le chêne, le hêtre et le bouleau* se trouvent avoir le même *centre* et la même *amplitude* de tempérament.

Cependant on peut dire du *chêne* : que, s'il résiste, comme le *hêtre*, à des froids de — 20°, ce n'est que grâce au pivotement de ses racines, c'est-à-dire à la couverture du sol ; et du *hêtre* : que, s'il résiste, comme le *chêne*, à des chauds de + 40°, ce n'est que grâce à l'épaisseur de son feuillage ; du *bouleau* enfin : que, s'il résiste aux mêmes températures extrêmes sans parasol épais contre les ardeurs du soleil et sans couverture profonde contre la rigueur des frimas, c'est qu'il est foncièrement ou *constitutionnellement* plus robuste, plus *puissant*.

De-fait ou le thermomètre à la main, *le chêne*, *le hêtre* et *le bouleau* (toujours, bien entendu, dans notre hypothèse) ont le même tempérament.

Constitutionnellement, *le chêne* est plus robuste, a plus de *puissance* que *le hêtre* contre le chaud ; *le hêtre* plus que *le chêne* contre le froid ; et *le bouleau*, la même *puissance* ou plus de *puissance* que *le chêne* et que *le hêtre* contre le froid ou contre le chaud.

De là, le *tempérament-de-fait* et le *tempérament constitutionnel.*

Dans l'ordre des idées que nous développons ici, la *puissance* du tempérament ou le *tempérament constitutionnel* se mesure, pour les mêmes *amplitudes de tempérament-de-fait*, à l'horizontalité des racines et à la légèreté du feuillage. Mais cette mesure ne peut se faire mathématiquement, à moins qu'il ne s'agisse de mathématique approximative ou par comparaison.

L'élasticité et *l'extensibilité* sont les attributs de la *puissance* du tempérament.

Soit accrûe, par une cause quelconque, l'*amplitude* d'un tempérament : la cause cessante, si cette *amplitude* décroît et revient à son étendue normale, nous dirons que ce tempérament est *élastique* ; nous dirons qu'il est *extensible*, si, la cause d'accroissement cessante, l'*amplitude* ne décroît pas ou ne décroît pas de tout ce dont elle s'était accrûe.

L'*élasticité* du tempérament constitue son aptitude aux acclimatations momentanées ou *temporaires* ;

L'*extensibilité* détermine son aptitude aux acclimatations permanentes ou *définitives.*

Tous les tempéraments sont plus ou moins élastiques.

Mais la question de savoir s'ils sont tous ou s'il y en a même d'absolument extensibles ne paraît pas vidée.

Nous estimons qu'il y en a et ferons voir, dans tous les cas, comment il est possible d'arriver par l'élasticité à l'extensibilité au moins artificielle.

Au surplus et le plus souvent, qu'est-ce donc que la variété de l'espèce, si ce n'est pas une acclimatation ? Or on sait très-bien que, s'il y a des variétés instables, il y en a aussi de constantes. Et comme les modifications que nous aurons à demander aux arbres, pour les acclimater, ne toucheront à rien d'essentiel, mais ne consistent qu'en de légers abaissements ou relèvements des racines ou de légers épaississements ou éclaircissements du feuillage, simples questions de plus ou de moins le plus souvent inappréciables à l'œil de l'observateur, nous ne voyons pas pourquoi l'acclimatation serait toujours et nécessairement ou fatalement inconstante ; nous ne voyons pas pourquoi il n'y aurait pas des variétés constantes de végétaux, comme il y en a, comme il y a des races d'animaux.

Philosophiquement enfin ou moralement, la domestication des animaux n'est-elle pas une acclimatation? Et s'il y a des acclimatations morales ou d'instinct, pourquoi n'y en aurait-il pas de physiques ou de la vie?

IV

RARPORTS PHYSIOLOGIQUES : — DE LA PERSISTANCE ET DE LA CHUTE DES FEUILLES. — PUISSANCE DES RACINES.

La persistance des feuilles paraît avoir deux causes bien différentes, suivant qu'elle est le simple résultat, la conséquence d'un effort de la vitalité personnelle des feuilles et nécessaire à leur seule et propre conservation, ou qu'elle est le moyen, l'instrument nécessaire de la conservation des racines et n'a de raison d'être que cette conservation.

La première de ces causes est externe et non immédiate, mais seulement provocatrice : sous certains climats, les feuilles, en été, sont soumises à des excès de chaleur si vifs ou si prolongés, comme à des variations diurnes de température si brusques, qu'elles n'y résisteraient pas, sans une organisation plus robuste de leurs tissus. C'est pourquoi ces tissus, surtout lorsqu'il s'agit de bois feuillus, s'épaississent et se font plus raides ou plus coriaces. Il en résulte que la feuille, plus fibreuse, s'attache mieux, adhère plus à la branche et, comme conséquence, qu'elle persiste plus ou moins de temps après la cessation naturelle des services qu'elle avait fonction de rendre. Dans ce cas, *la persistance* n'est pas constitutionnelle de tout le sujet, mais seulement de la feuille et plutôt comme résultat d'un besoin physique que par besoin physiologique. Si la feuille persiste, ce n'est pas pour continuer à vivre, — sa vie n'a plus de raison d'être — ; mais c'est que le besoin qu'elle a eu de résister pour vivre l'a rendue si vivace et si adhérente, qu'elle ne se détache plus sans efforts qu'avec le temps.

Les feuilles de nos essences forestières n'étant pas ou n'étant que très-exceptionnellement sujettes à ce mode de persistance, nous n'aurons pas à nous en préoccuper dans le cours de ce travail ; mais nous aurons à y revenir dans nos *études sur la tige*.

La deuxième cause est interne et propre à la vitalité même de certaines espèces. *La persistance* ici n'est plus un résultat ; c'est un moyen ; le moyen de conserver, en hiver, des organes (les feuilles) physiologiquement nécessaires en tout temps à la conservation des racines. Tous les résineux — sauf le mélèze — et les résineux seuls sont soumis à cette cause, dont la nature se manifeste dans celle des mouvements générateurs, circulatoires et distributifs des sucs. Je m'explique :

Les bois feuillus sont pourvus de vaisseaux plus ou moins apparents, et les sucs, par cela même qu'ils y sont ordinairement aqueux, rarement gommeux et jamais résineux, sont généralement peu épais ; leur fluidité les fait mobiles, et si du repos leur est naturel en des moments donnés, ce repos est possible, puisque, en d'autres moments voulus, l'existence des vaisseaux et la mobilité des sucs permettent à la sève de circuler par plus grandes masses et plus rapidement. Ainsi s'expliquent les mouvements si sensiblement variés ou périodiques et irréguliers de la sève et comment les rapports entre les extrémités de l'arbre sont, par suite de leur facilité, tantôt vifs et tantôt si faibles qu'ils paraissent nuls, comme après la chute des feuilles.

Les résineux, au contraire, sont dépourvus de vaisseaux, du moins de vaisseaux apparents, et leurs sucs, épais ou peu fluides, peu mobiles conséquemment, ne peuvent, en des moments voulus, circuler par grandes masses ni rapidement. De là, pour une même quantité de masse nutritive à charrier, la nécessité de mouvements continus et uniformes ; de là, l'existence de rapports, moins vifs, il est vrai, à certaines époques, mais aussi moins inanimés en d'autres saisons et conséquemment toujours plus réguliers et constants ou persistants ; et de là, la *persistance* des feuilles, *persistance constitutionnelle* de tout le sujet. C'est la seule qui nous intéresse ici et la seule donc dont nous avons à nous occuper.

Nous venons de voir comment l'absence de vaisseaux apparents et la densité des sucs rendent les mouvements de ces derniers, dans les tiges des résineux, plus lents, plus uniformes et plus constants, déterminent la persistance des feuilles et maintiennent entre ces feuilles et les racines des rapports constants. Mais on pourrait dire aussi que l'épaississement des sucs et l'absence de vaisseaux apparents, que la lenteur et l'uniformité des mouvements de la sève, que la persistance des feuilles et la nécessité de rapports constants entre les feuilles et les racines, au lieu d'être les causes successives, ne sont que les conséquences successives du tempérament constitutionnel des racines. Et c'est à ce dernier point de vue que nous nous plaçons. Ce n'est plus alors l'absence constitutionnelle de vaisseaux qui conduit à l'intimité des rapports entre les feuilles et les racines, mais l'intimité constitutionnelle de ces rapports qui rend les vaisseaux plus ou moins inutiles.

Ainsi, pour nous résumer, *deux causes de la persistance des feuilles* :

L'une *extérieure* et dont les effets s'appliquent et s'arrêtent à la feuille ; sans intérêt sérieux pour le forestier, puisqu'elle ne s'exerce que sur deux de nos essences feuillues, le *chêne vert* et le *chêne-liège ;* forestièrement, nous n'avons pas à nous en préoccuper.

L'autre *interne* et constitutionnelle de tout le sujet, et plus particulièrement des racines. Celle-ci nous intéresse au plus haut degré, puisqu'elle s'exerce sur tous nos résineux, le *mélèze* seul excepté. Nous allons en extraire deux nouveaux principes.

De ce que certaines essences apparaissent avec des branches garnies de feuilles *persistantes* on peut conclure *a priori* et d'une manière générale:

1° Que les branches et les feuilles y concourent constamment à la vie des arbres et que ceux-ci ne peuvent que difficilement ou momentanément vivre sans elles; que les racines y sont ou peu vivaces, ou délicates et ordinairement insuffisantes à maintenir la vie; qu'un arbre de l'espèce, s'il est dépouillé de ses feuilles, souffrira toujours et périra le plus souvent ; que, si l'on coupe ses branches et sa tige, les racines ne tarderont pas à mourir et la souche ne repoussera point ;

2° Que les rapports existants entre les branches et les racines de cet arbre sont, en conséquence, des rapports de la nature la plus intime ; de telle sorte que la somme de force vitale ou la puissance nécessaire au sujet ne peut, sans compromettre son existence, se retirer complétement des branches, par exemple, pour se concentrer dans les racines, ni réciproquement, mais a toujours besoin de se répartir convenablement entre les unes et les autres et suffisamment pour chacune d'elles ; que si cet arbre est momentanément gêné dans son existence ou contrarié dans son développement par une action qui s'attaque surtout aux racines, il importe au plus haut degré, pour qu'il résiste à cette action, que ses branches soient le plus vigoureuses possible, afin de venir le plus possible en aide aux racines et y retenir la vie, en y soutenant la réaction ; et de même, si c'est aux branches que cette action s'attaque, que les racines soient assez vivaces pour céder aux branches une partie de leur puissance.

Au contraire, de ce que d'autres essences *se dépouillent de leurs feuilles*, à une certaine époque et pendant une partie de l'année, on peut, de même, conclure *a priori* et d'une manière générale aussi :

1° Que les feuilles et les branches n'y concourent pas constamment à la vie des arbres et que ceux-ci peuvent plus ou moins vivre sans elles ; que les racines, vivaces et robustes, y sont, dans certaines conditions, suffisantes à l'entretien de la vie ; qu'un arbre de l'espèce, s'il est dépouillé de ses feuilles, pourra ne pas mourir, pourra même ne pas souffrir ; que si l'on coupe ses branches et sa tige, les racines continueront à végéter et que la souche pourra s'accroître en dehors ou rejeter ;

2° Que, en conséquence, les rapports entre les branches et les racines ne sont pas intimes, mais qu'il existe une certaine indépendance entre les unes et les autres ; de telle sorte que la somme de force vitale ou la puissance nécessaire n'a pas toujours besoin de se répartir dans les mêmes proportions entre les branches et les racines, mais peut se retirer plus ou moins des branches, par exemple, pour se concentrer dans les racines et réciproquement, sans que la vie du sujet soit compromise ; que si donc cet arbre est momentanément gêné dans son existence ou contrarié dans son développement par une action qui s'attaque soit aux branches soit aux racines, il importera beaucoup, pour que cette action ait moins d'effet, que les branches elles-mêmes soient plus fortes, si c'est elles qui sont attaquées, et, s'il s'agit des racines, que ces racines soient plus vivaces et plus en état de réagir.

Ainsi généralement et *en principes*,

Pour les essences à feuilles persistantes ou les RÉSINEUX *: les racines,* PAR CELA MÊME *qu'elles dépendent plus ou moins des feuilles et* *des branches,* PEUVENT COMPTER *sur elles, en cas d'attaque, leur puissance propre n'étant qu'en rapport ou proportion de leur dépendance. Si l'on s'expose à les endommager, si on les endommage, ce ne doit être, autant que possible, qu'au moment où les feuilles et les branches sont le mieux à même de leur donner secours et protection.* — 4me PRINCIPE.

Et pour les essences à feuilles caduques ou les FEUILLUS : *les racines,* PAR CELA MÊME *qu'elles sont plus ou moins indépendantes des feuilles et des branches,* SONT EN MESURE DE SE SUFFIRE *à elles-mêmes, en cas de dommage, leur puissance propre étant en rapport ou proportion de leur indépendance. Si l'on s'expose à les endommager, si on les endommage, ce ne doit être, autant que possible, qu'au temps où elles se trouvent* PERSONNELLEMENT *en état de mieux résister au mal et de mieux réparer le dommage.* — 5e PRINCIPE.

En tout, *cinq principes* qui nous conduiront aux règles à suivre pour n'apporter que le moins de trouble possible dans l'organisme des sujets à semer, planter ou acclimater.

Si ces règles amènent au succès, l'étendue du succès déterminera le degré de confiance que méritent les principes ; il les infirmera ou les confirmera.

V

DE LA TIGE.

Comme tout ce qui est, la terre est active ; active nécessairement ; active par elle-même et pour elle-même ; active pour et par l'immensité qui l'entoure.

La végétation n'est qu'une des mille expressions de cette activité ; ce n'en est l'acte le plus puissant ni le plus animé, mais le plus apparent et le plus gracieux.

Laborieusement, c'est avant tout et surtout à la génération des *racines* que s'applique, dans la végétation, le travail originel et fondamental de la terre.

Les *feuilles* s'étalent et les *fleurs* s'épanouissent, au printemps ; à l'automne, les feuilles tombent et les fruits se disséminent.

La *tige* ne paraît pas essentielle à la vie.

Les *racines* étant le principe et la fin de la vie, c'est donc à la conservation des racines, avant toute autre, que tout doit concourir dans l'organisme des arbres ; c'est donc surtout en elles, comme nous l'avons déjà dit et ceci le confirme encore, qu'il faut étudier la vie et tout ce qui la fait ; comme le tempérament.

Je me demandais, un jour, où se trouve plus particulièrement placée l'âme des hommes, et il me semblait que, bonne ou mauvaise,

L'âme du *Français* est dans la tête, comme celle du coq ou du papillon ;

Celle de l'*Italien*, dans les yeux ou dans la langue comme celle des oiseaux, ou sous la peau comme celle du lézard ;

Celle de l'*Espagnol*, dans les jambes, comme celle du chamois.

L'*Américain* aurait son âme dans les bras, comme l'ours ou le serpent ;

L'*Anglais*, dans les oreilles ou les doigts et dans ses poches comme le chat et les abeilles ;

L'*Allemand*, dans sa fourchette, ses mâchoires et son estomac, comme le vautour, le dogue et le....... boa.

Pas de races, dans le cœur.

A ce point de vue légèrement humouristique, on peut dire des *végétaux*, sérieusement et par métaphore, que leur âme est dans *les racines*.

Le *feuillage*, les *fleurs* et les *fruits* seraient de l'âme l'expression la plus éclatante et la plus sensible.

La *tige* ne paraît pas, avons-nous dit, essentielle à la vie.

Mais elle y concourt, elle y participe ; elle est partie de l'arbre, et, comme telle, si elle a des fonctions à remplir, pourquoi n'aurait-elle pas aussi des besoins à satisfaire et ses exigences ? exigences et fonctions vis-à-vis des branches et vis-à-vis des racines, d'importance variable et prédominante à l'égard tantôt des unes et tantôt des autres ; se rattachant, en conséquence, tantôt plus à celles-ci, et tantôt plus à celles-là, jusqu'à se confondre, soit avec les feuilles comme dans les *palmiers*, soit avec les racines comme dans les *iris* et le *sceau de Salomon*.

La *tige* ne paraît donc pas essentielle à la vie ; mais elle y participe ; elle est partie de l'arbre ; forestièrement elle en est le corps et, comme telle, elle a ses fonctions et ses exigences.

Comme telle aussi, elle a son tempérament ; et pourquoi ne serait-elle pas sensible aux excès de chaud ou de froid, comme les branches et les racines, et, par sympathie, comme celles des unes ou des autres dont ses fonctions la rapprochent le plus ?

Le feuillage des arbres peut donc avoir pour effet, entre autres effets, non-seulement et principalement de protéger les racines, mais encore la tige accessoirement ou même principalement, mais par exception.

Si donc il arrivait, accidentellement ou par exceptions, que l'épaisseur ou la persistance du feuillage ne paraissent pas toujours répondre aux besoins des racines ou ne répondre qu'à ses besoins, il ne faudrait ni s'en étonner ni surtout rejeter ou condamner nos principes, mais seulement les regarder comme devant rester encore quelque temps soumis à l'étude.

Il importe, en effet, de remarquer qu'un principe, même déduit des faits, ne s'applique pas toujours à l'universalité des cas, certaines anomalies de caractère pouvant amener à des écarts de conduite. Assez ordinairement il se produit des exceptions qui s'expliquent ou s'expliqueront bientôt ou plus tard. Certains faits peuvent, d'ailleurs, avoir été mal observés. Il arrive enfin qu'un principe nouveau, vrai dans son essence, sera corrigé dans son énoncé, soit en ce qu'il aurait de trop absolu, soit en ce qu'il aurait d'incomplet.

Nos prochaines études sur la tige comprendront celle de ses transformations (*marcottes, boutures* et *greffes*) et nous conduiront, toujours dans le même ordre d'idées, de l'étude des *massifs* à celle des arbres *isolés*, de la *Sylviculture* à l'*Agriculture* (mûriers, vignes, etc.)

DEUXIÈME PARTIE : RÈGLES.

VI

DE L'ACCLIMATATION (CHOIX DES ESSENCES DANS LES TRAVAUX DE REBOISEMENT).

Il est incontestable que la terre ne s'est pas toujours trouvée dans les mêmes conditions procréatrices de sol et de climat atmosphérique, mais que ces conditions ont éprouvé graduellement et d'une manière graduellement concressive ou extensive des modifications radicales.

Et, de même, il est à présumer que les différentes espèces d'êtres vivants ne sont apparues successivement qu'au fur et à mesure de ces modifications; que leur apparition n'a pas eu lieu sans efforts; que, au fur et à mesure de leur apparition, la force vitale n'a dû s'y maintenir qu'à l'aide d'organes puissants, vigoureux ou excités et de circonstances favorables.

De telle sorte qu'il y a toujours eu dans la nature comme un double travail de désacclimatation et d'acclimatation.

L'*acclimatation*, puisqu'elle est naturelle, n'est donc pas plus une utopie qu'une chimère.

Au point de vue qui nous occupe, les instruments de l'acclimatation sont la *puissance*, la *vigueur*, l'*excitation* et les *circonstances favorables* (1).

(1) Ces instruments d'acclimatation sont loin d'être les seuls dont on puisse disposer, et l'on en trouverait, à-coup-sûr, d'aussi puissants dans les diverses propriétés physiques (capacité calorifique notamment) et chimiques du sol. — Ne conçoit-on pas, par exemple, la possibilité d'accroître l'amplitude du tempérament du hêtre, en le plaçant, pour l'obliger à tracer moins, dans un sol d'une stérilité complète ou à-peu-près à la surface et jusqu'à une certaine profondeur où il trouverait une terre fertile et le mieux à sa convenance!

Mais ce point de vue des acclimatations n'entre pas dans le cadre limité que je me suis tracé. La solution pratique que je recherche ici, je ne veux la trouver qu'en dehors de tous principes et moyens autres que ceux purement forestiers.

On trouvera :

La *puissance* dans le tempérament constitutionnel de l'espèce ou essence présumée acclimatable ;

La *vigueur* dans les sujets particuliers (graines saines, s'il s'agit de semis ; plants fortement constitués, s'il s'agit de plantations) ;

L'*excitation* dans le choix des saisons, que leur succession régulière *soumet* à notre disposition.

On créera des *circonstances favorables*, en sachant tirer de l'*élasticité* et de l'*extensibilité de la puissance* un accroissement d'*amplitude* du tempérament.

Or, nous avons dit que le couvert a pour effet de ralentir ou modérer, d'affaiblir le réchauffement comme le refroidissement du sol. Rien de plus facile, dès lors, que d'accroître, en un lieu donné ou pour une amplitude de climat thermique donnée, l'amplitude du tempérament-de-fait. Il n'y a, pour cela, qu'à augmenter le couvert. Et l'on augmentera le couvert, en mélangeant à l'essence qu'on veut acclimater une autre essence à feuillage plus épais ou persistant, ou tout-à-la-fois persistant et plus épais, suivant qu'il s'agit de feuillus ou de résineux et qu'il s'agit de réagir contre les ardeurs d'étés plus chauds ou les rigueurs d'hivers plus froids, ou tout-à-la-fois contre les ardeurs d'étés plus chauds et les rigueurs d'hivers plus froids; et ce, à la condition que l'essenee auxiliaire ne souffre pas de la diminution de couvert qui doit résulter du mélange; à la condition, en d'autres termes, que l'amplitude de tempérament de l'essence auxiliaire soit plus grande, en un sens ou dans l'autre ou dans les deux sens, que celle de l'essence à acclimater ou que l'amplitude du climat thermique abordé.

De là les trois règles suivantes :

1re Règle : *Pour acclimater une essence à un climat plus froid que son climat d'origine, mélange de résineux (à feuillage plus épais, si l'essence est résineuse) acclimatés ou acclimatables à climat plus froid encore.*

2e Règle : *Pour acclimater une essence à un climat plus chaud que son climat d'origine, mélange de feuillus (s'il s'agit de feuillus) ou de résineux (s'il s'agit de résineux) à feuillage plus épais et acclimatés ou acclimatables à climat plus chaud encore.*

3e Règle : *Pour acclimater une essence à un climat plus froid en hiver et plus chaud en été, mélange de résineux à feuillage plus épais et dont l'amplitude de tempérament embrasse et dépasse suffisamment en tous sens l'amplitude du climat sur ou sous lequel on veut opérer.*

Tant que le mélange persistera, il y aura acclimatation, acclimatation conforme à l'élasticité du tempérament; permanente, en ce sens qu'elle doit durer autant que le mélange, mais artificielle en ce sens qu'elle dépend du mélange, et non définitive, en principe et jusqu'à nouvel ordre, puisqu'elle n'est permanente qu'artificiellement.

Pour qu'elle devienne définitive, que faudrait-il ? — Que, le mélange cessant, l'acclimatation persistât, ou, en d'autres termes, que, après avoir fait preuve d'*élasticité*, le tempérament fit preuve d'*extensibilité*.

Or, je prétends et dis du tempérament, non pas qu'il sera toujours *extensible* ni surtout qu'il le sera toujours au même degré, mais qu'il pourra l'être et le sera souvent à des degrés divers.

L'analyse des phénomènes particuliers à divers cas va fixer nos idées sur ce point.

Sous la protection d'un couvert résineux, le chêne résiste à plus de froid et s'y acclimate *de-fait* ou artificiellement. Que faudra-t-il pour que l'acclimatation devienne *constitutionnelle* ou définitive?— Que, ce couvert résineux disparaissant petit à petit, les racines du chêne pivotent davantage. Mais elles ne peuvent; l'acclimatation définitive n'est donc pas possible, à moins que les feuilles, de caduques, deviennent plus ou moins persistantes (1).

Sous la protection du même couvert, le hêtre résiste à des hivers plus rigoureux et s'y acclimate. Que faudra-t-il pour que l'acclimatation devienne définitive ? — Que, le couvert résineux disparaissant petit à petit, les racines du hêtre pivotent davantage ou tracent moins. Or, elles le peuvent ; donc l'acclimatation définitive est possible.

---

(1) Les feuilles *du chêne*, qui se dessèchent, à l'automne, persistent, quoique sèches, plus ou moins en hiver, et ce d'autant plus que le climat est plus froid ou que sont plus vives les variations diurnes de température.

Mais s'il trace moins, il faudra *peut-être*, pour que ses racines reçoivent, en été, toute la dose de chaleur nécessaire à leur activité normale, que l'ensemble du couvert soit alors moins épais. Il faut donc que le couvert du résineux soit moins épais que celui du hêtre et que celui-ci s'éclaircisse au fur et à mesure que l'auxiliaire disparaîtra petit à petit. Tout cela étant possible, (il n'est pas dit, d'ailleurs, que ce soit *nécessaire*), l'acclimatation définitive du hêtre à un climat plus froid reste possible.

Cependant il faut que l'essence auxiliaire soit déjà acclimatée à climat plus froid que celui sous lequel on opère. Sans cela, disparaissant petit à petit du mélange, faute de couvert suffisant, il pourrait arriver qu'elle disparaisse avant que l'acclimatation définitive du hêtre, si elle est possible, se soit effectuée.

Sous la protection d'un couvert feuillu plus épais que le sien, le chêne résiste à plus de chaud et s'y acclimate artificiellement. Que faudra-t-il, pour que l'acclimatation devienne définitive?—Que, le feuillage plus épais disparaissant petit à petit, son feuillage à lui s'épaississe. Or, il le peut ; cette acclimatation paraît donc possible. (Une foule de variétés du *chêne rouvre*, sous climats plus chauds, ont le feuillage plus touffu que la *variété à larges feuilles*, type de l'espèce.)

Sous la protection d'un couvert feuillu plus épais que le sien, le hêtre résisterait à plus de chaud et s'y acclimaterait artificiellement. Mais où trouver ce feuillu ? Si on le trouvait, il faudrait, à mesure qu'il disparaîtrait, plus tard, petit à petit et pour que l'acclimatation devienne définitive, que les racines du hêtre s'habituassent insensiblement à tracer moins ; ce à quoi rien ne paraît s'opposer nécessairement.

Généralement l'*élasticité* et l'*extensibilité* du *tempérament constitutionnel* paraissent pouvoir se mesurer, non-seulement, comme sa *puissance*, à l'épaisseur du feuillage et à la direction des racines, mais encore à la direction des branches et à l'épaisseur verticale de l'enracinement.

Que faut-il, en effet, pour acclimater un arbre à climat plus chaud ?—Que son couvert s'épaississe. Or, il le peut en ses feuilles, soit par un accroissement de dimensions, soit par un accroissement de nombre ; or encore, autant que j'ai pu le remarquer, les branches d'un arbre se garnissent ordinairement d'autant plus de feuilles que leur direction se rapproche plus de l'horizontale, et d'autant moins qu'elles se dressent plus vers la cime (1). Les espèces à branches dressées, se trouvant en possibilité d'abaisser ou incliner leurs branches, seraient donc généralement les mieux en mesure d'épaissir leur feuillage, et leurs tempéraments seraient ainsi les plus élastiques du côté du chaud.

Et du côté du froid ?

La *radicule* de nos arbres forestiers (tous *exhorises* ou *synhorises*) est toujours un pivot qui s'enfonce verticalement dans le sol par une vitesse proportionnée au besoin de s'abriter et progressivement décroissante d'une année à l'autre.

C'est toujours, d'ailleurs, par la *radicule* ou le *pivot* que l'*embryon* commence à se développer. La *tigelle* et la *gemmule* se forment ensuite et, en même temps, les *radicelles* qui formeront plus tard les *racines*.

Moins délicate sera la radicule, moins elle s'enfoncera dans le sol, et moins obliques seront les radicelles. A la limite, il n'y aura, pour ainsi dire, plus de pivot et les racines *traceront*.

Plus, au contraire, la radicule sera délicate, plus elle s'enfoncera dans le sol et plus les radicelles seront souterraines ou obliques. Ces radicelles pourront bien être plus nombreuses; mais leur accroissement sera plus lent. A la limite, on n'aura, pour ainsi

---

(1) Bien des circonstances engagent ou forcent tel ou tel arbre soit à redresser soit à incliner ses branches.

Le *chêne vert*, par exemple, dont la tige et la souche craignent beaucoup le froid et qui, pour les abriter, conserve ses feuilles en hiver, n'occupe ordinairement que des terrains de qualité médiocre et sans profondeur; ses branches sont ramifiées et son couvert est épais. On en voit cependant dont les rameaux se redressent et le feuillage s'éclaircit assez pour leur donner l'apparence d'une variété particulière bien caractérisée. Nous n'avons pas encore assez observé ce phénomène pour le définir et l'expliquer en toute confiance ; mais nous sommes porté à croire qu'il n'y a pas là variété particulière, mais transformation d'une variété proprement dite existante déjà. Dans notre pensée, ces chênes à rameaux dressés et feuillage plus clair se trouveraient en sols plus profonds et plus fertiles; leurs racines alors, par cela, d'une part, qu'elles s'enfonceraient davantage, auraient moins besoin de couvert, et par ceci, d'autre part et surtout, qu'elles seraient plus fortes, donneraient aux tiges plus de vie, plus de vigueur, plus de puissance contre le froid. En fait, ceux que nous avons observés paraissent avoir moins souffert que les autres chênes verts des froids rigoureux de l'hiver 1871-1872.

dire, qu'un *pivot* plus ou moins garni de racines plus ou moins fortes ou faibles.

Cependant, à mesure que le pivot s'allonge, son accroissement se ralentit, parce que le chevelu ne se forme pas également à toutes les profondeurs; la vie commencera donc bientôt à passer de l'extrémité de la radicule aux radicelles voisines; puis et par la même raison, de ces dernières à celles supérieures, et ainsi de suite, avec l'âge, jusqu'au collet; la direction des racines s'éloignant ainsi de plus en plus du pivot ou de la verticale et se rapprochant par cela même de l'horizontale ou tendant à devenir traçante.

L'ampleur de ce mouvement ascensionnel et latéral de la végétation dans les racines croît en raison de l'accroissement aérien des branches et de la tige.

A la longue, s'oblitèrent d'abord le pivot, puis les racines voisines et ainsi de suite et progressivement celles au-dessus. Finalement il n'y a plus de pivot, mais des racines plus ou moins ou complétement traçantes, comme cela arrive pour le sapin, lorsque le couvert s'est suffisamment épaissi, avec l'âge, pour suppléer en partie à la couverture du sol (1).

Cela posé, soit un arbre dont la radicule, constitutionnellement ou organiquement et sous son climat d'origine, s'enfonce profondément mais lentement ou très-lentement dans le sol. Pour qu'il y ait, à mesure que l'arbre croît, accroissement suffisant des racines, il faudra que les radicelles formées les premières se développent suffisamment; et si elles tracent, c'est qu'elles ne craignent pas le froid; et moins elles le craindront, plus elles se développeront à l'encontre de celles au-dessous. D'autre part, l'enfoncement du pivot étant, par hypothèse, lent et profond, le mouvement ascensionnel et latéral de la végétation dans les racines que nous venons de signaler ne s'effectuera que tardivement ou pas du tout; cet

(1) Plus tard ou lorsque, les arbres s'avançant non plus en âge mais en vieillesse, le feuillage s'éclaircit naturellement, le dépérissement est rapide et la mort prochaine. De là, le vice des coupes de régénération par vieilles réserves et celui des affectations à période longue. La longueur des périodes, accusant une régénération difficile, accuse aussi par cela même ou rapproche, par *l'éclaircie du massif*, cet âge avancé où les arbres dépérissent rapidement et ne tardent pas à mourir.

arbre tracera et pivotera tout-à-la-fois pendant, ou à-peu-près, toute la durée de son existence.

Et si, dans un moment donné, le climat se refroidit, on conçoit qu'il ne soit pas plus difficile aux radicelles inférieures de se développer au lieu des supérieures, qu'il ne le serait à ces dernières de modifier leur direction naturelle, en s'inclinant pour se mieux couvrir et s'abriter. Dans tous les cas, il y aura double ressort à l'élasticité et double cran à l'extensibilité.

De là, cette conclusion que le tempérament constitutionnel des arbres à racines pivotantes et racines traçantes est plus élastique et surtout plus extensible du côté du froid que celui même des arbres à racines uniquement traçantes. Ce n'est toujours, du reste, que le même principe, mais d'une plus facile application.

En résumé, nous estimons que *l'élasticité et l'extensibilité du tempérament constitutionnel peuvent se mesurer : d'abord, comme la puissance, à la légèreté du feuillage et à l'horizontalité des racines, puis au degré d'érection des branches et à l'ampleur verticale de l'enracinement.* — 4e RÈGLE.

Théoriquement tout s'arrange et s'explique pour le mieux. Mais *en fait?*

En fait, la racine de tout arbre, à sa naissance, est un pivot dont le développement varie avec les espèces, mais qui se garnit toujours de racines latérales dont le développement horizontal ou oblique, variable d'une essence à l'autre, varie encore, pour la même essence, avec la densité comme avec l'âge des peuplements ;

En fait, les racines tracent d'autant plus qu'il y a plus de fourré et que les arbres sont plus âgés ;

En fait, dans les vieilles sapinières, les pivots n'existent plus et les racines apparaissent souvent hors de terre.

En fait, dans les futaies de chêne et hêtre mélangés que j'ai parcourues, le feuillage du chêne apparaît moins clair et celui du hêtre moins épais qu'à l'état pur.

En fait, j'ai la conviction que les observations de l'espèce ou à l'appui ne feront pas défaut.

En fait encore, les mêmes arbres se rabougrissent, vivotent, vivent, s'élancent hardiment ou luxurieusement s'étalent suivant le milieu qui les entoure.

D'une manière générale donc et *toujours en fait*, la disposition des racines et l'épaisseur du feuillage peuvent se modifier et se modifient (1).

Et de ce que rien ne paraît s'opposer nécessairement à la persistance de ces modifications, l'acclimatation, loin de paraître nécessairement impossible, paraît, au contraire, devoir être considérée comme possible, je ne dis pas dans tous les cas et dans toutes les limites, mais dans des conditions raisonnées et plus ou moins susceptibles d'être prévues et déterminées à l'avance.

Généralement l'amplitude d'acclimatation croît avec l'amplitude du tempérament, en raison directe de l'amplitude du climat d'origine (l'amplitude du climat croît avec la latitude), et en raison inverse de l'amplitude du climat ou de la latitude à occuper. Ce qui revient à dire que les mouvements d'acclimatation sont plus faciles des pôles à l'équateur que de l'équateur aux pôles.

VII

DES SEMIS.

La première souffrance qu'éprouve un jeune arbre venu de graine

---

(1) Si l'espèce humaine est cosmopolite, c'est que nous avons su, dit-on, nous faire des vêtements et des habitations.

Mais les animaux savent bien aussi se construire des nids, se creuser des terriers et se loger dans des tanières ! et naturellement ne savent-ils pas encore changer, avec les saisons, de plumes, de poil ou de laine !

Pourquoi les végétaux, qui doivent eux aussi aimer la vie, comme les hommes et les animaux, n'auraient-ils pas la faculté naturelle d'épaissir ou d'éclaircir leur feuillage et de se loger dans le sol aux profondeurs de couverture nécessaires à leur existence !

— On lit, dans la BOTANIQUE DE RICHARD, à propos de la *chute* ou de la *persistance des feuilles* : « Dans les régions tropicales, la plupart des arbres et » des arbrisseaux sont munis de feuilles plus ou moins raides et coriaces *qu'ils* » *conservent toute l'année*. Cependant, transportés dans nos climats plus froids, » ces végétaux y sont soumis aux influences qui agissent sur nos arbres indi- » gènes et *perdent souvent comme eux leur feuillage*. » Nous voici bien loin de simples variations dans la disposition des racines et l'épaisseur du feuillage.

lui est apportée soit par un excès de sécheresse ou d'humidité, soit et plus encore de chaud ou de froid ; soit seulement par un excès relatif de chaud ou de froid, si, pour simplifier l'étude du phénomène, on considère — et cela se peut ordinairement — la sécheresse ou l'humidité comme une conséquence des variations de la température atmosphérique.

Qu'il s'agisse d'essences à feuilles persistantes ou d'essences à feuilles caduques, il faudra toujours semer à l'époque la plus éloignée possible de celle où l'action du chaud ou du froid sera, pour chacune d'elles, la plus sensible ; parce que, ainsi, les jeunes brins, étant plus âgés et conséquemment plus forts au moment critique, seront mieux à même de résister.

Ainsi : *les semis s'exécuteront de préférence au printemps pour les essences qui craignent plus le froid que le chaud, et à l'automne pour celles qui redoutent plus le chaud que le froid.* — 5e RÈGLE.

La nature du tempérament pourra se déterminer par application de *nos trois premiers principes*, qu'il sera toujours prudent de corroborer par l'expérience ou qui devront la corroborer.

Dans le doute, c'est-à-dire pour les essences dont le tempérament ne sera pas suffisamment dessiné, *nos 4e et 5e principes* pourront servir à déterminer le choix des saisons.

Comme toujours, nous avons ici (le doute) à redouter soit le froid de l'hiver soit le chaud de l'été, et il faudra, comme toujours, semer le plus tôt possible avant les grands froids ou les grandes chaleurs. Or, nous sommes, par hypothèse, dans le doute sur la question de savoir si c'est le chaud ou si c'est le froid que nous avons le plus à craindre.

Mais en dehors des hivers et des étés, nous avons encore et surtout à redouter *les gelées hâtives de l'automne et celles tardives du printemps*; et ces gelées, qui ne sont pas de durée, frappent ordinairement d'abord et surtout les feuilles jeunes et tendres encore (1).

---

(1) *Les variations annuelles de température* croissent avec l'altitude et la latitude ; *les variations diurnes* croissent avec l'altitude et décroissent avec la latitude. *Les gelées hâtives de l'automne et tardives du printemps* procèdent de ces deux espèces de variations, mais se rattachent cependant beaucoup plus ordinairement aux variations *diurnes* qu'aux variations *annuelles*.

Or, si l'on a semé au printemps, le mouvement de la végétation, tendant surtout alors au développement des feuilles, pourra bien subir un arrêt, si la gelée détruit les premières formées ; mais cet arrêt pourra n'être que momentané, et de nouvelles feuilles alors repousseront, si tous les bourgeons n'étaient pas développés.

Si nous avions semé à l'automne, la gelée hâtive qui aurait dépouillé de ses feuilles le brin à feuilles caduques ne tuerait pas ordinairement ce jeune brin ; mais les résineux, par cela même qu'ils auraient perdu leurs feuilles, seraient *nécessairement* voués à la mort. C'est pourquoi, lorsqu'on effectue des semis résineux, en cette saison, ce ne doit être que du 1er août aux premiers jours de septembre, suivant les climats.

Donc au point de vue du climat thermique, le seul dont je m'occupe ici :

Si le tempérament de l'essence n'est pas suffisamment connu, peu importe la saison des semis pour les feuillus (1) ; *les résineux seront semés au printemps ou en août.* — 6e RÈGLE (2).

NOTA. — Le *semis de printemps* est celui qui lève au printemps et rigoureusement le *semis d'automne* est celui qui lève en automne. Lorsque les graines semées à l'automne ne doivent lever qu'au printemps, le semis pourrait être dit *mixte*, les radicules se développant en automne et en hiver, tandis que les gemmules ne se développent qu'au printemps. Les *semis mixtes* conviennent essen-

---

(1) Cependant comme la force vitale paraît, chez les feuillus, se concentrer dans les racines relativement plus en hiver qu'en été, et puisque c'est surtout de la vitalité des racines qu'il y a toujours lieu de se préoccuper, l'automne, à ce point de vue, paraît préférable au printemps ; à moins qu'on n'ait à opérer dans ces localités où les gelées de l'automne sont fortes et fréquentes, parce que le gel et le dégel y déracineraient les jeunes plants et les tueraient. Ces conditions se rencontrent surtout, à ce qu'il nous a paru, aux expositions méridionales ou occidentales des altitudes moyennes en montagne. Aux altitudes extrêmes, les gelées sont nulles ou faibles (altitudes basses) ou ne se répètent pas (altitudes hautes).

(2) Il ne faut pas toujours conclure de ce qui se passe en pépinière ce qui se passera au dehors : dans les pépinières, on a presque toujours semé trop dru ; et les brins, qui sortent serrés, résistent mieux aux variations de température.

tiellement aux feuillus : les graines restent plus saines et la germination se fait plus régulièrement; au printemps, la radicule se trouve assez profondément enracinée et déjà garnie de radicelles, et la gemmule ainsi que la tigelle se développent plus vigoureusement.

VIII

DES PLANTATIONS.

Lorsqu'on extrait des jeunes plants, ce ne peut être qu'à la condition d'endommager plus ou moins leurs racines. C'est donc sur les racines que s'exerce la première souffrance d'une plantation, et nous avons vu qu'elles sont les parties les plus sensibles de l'arbre. Ne perdons rien de tout cela de vue.

Généralement lorsque les graines d'un arbre arrivent à leur maturité et que tout ou partie des feuilles va se dessécher ou tomber naturellement, il se produit dans la sève un mouvement dont l'intensité varie dans de fortes proportions avec les essences et les climats. Ce mouvement doit se manifester surtout pour les essences à feuilles caduques. La sève prend alors le nom de *sève descendante*. Cette expression ne définit sans doute pas la nature du phénomène qui se produit; mais elle en donne l'image d'une manière plus simple et plus sensible.

A l'époque où la sève descend ainsi vers les racines, ces racines vivent nécessairement davantage, prennent plus de vigueur et deviennent plus capables de résister au dommage que cause la transplantation. Et, en effet, c'est surtout en hiver que se forme le chevelu des racines feuillues.

Si l'on considère donc que cette époque est aussi celle où les branches des arbres *à feuilles caduques* vivent le moins et celle aussi conséquemment où les racines et les branches de ces arbres ont réciproquement le moins besoin des services mutuels qu'elles se rendent ordinairement, on concluera naturellement que les racines se trouvent alors doublement en mesure de résister aux souffrances de la transplantation.

Par cela même, d'ailleurs, que cette époque est celle où les branches vivent le moins, c'est aussi celle où elles sont le moins sensibles et moins sujettes sympathiquement aux souffrances (A).

Ainsi l'époque de la maturité des fruits ou de la chute naturelle des feuilles serait celle où les diverses parties des arbres à feuilles caduques sont ou le moins sensibles à la douleur ou le plus capables d'y résister.

Cette époque donc (*ou l'automne*, dans son acception conforme aux principes exposés ci-dessus) serait la plus favorable aux plantations *des arbres à feuilles caduques, ou feuillus.*

Les choses ne se passent pas de même, lorsqu'il s'agit *d'essences à feuilles persistantes ou résineuses.* Ici, comme nous l'avons reconnu en principe, les rapports entre les branches et les racines sont complets ou constants, et, parce que les feuilles ne tombent pas annuellement à l'automne, il ne se produit pas dans la sève ce mouvement prononcé que nous avons signalé chez les feuillus.

L'intensité de la vie dans les racines n'étant pas ici sujette à de trop sensibles variations suivant les saisons, peu importe, à ce point de vue, l'époque de la transplantation, puisque l'intensité de souffrance des racines sera généralement, à peu de chose près, toujours la même. Mais l'ensemble du sujet, mais le plant résistera mieux, s'il peut retirer d'ailleurs un supplément, je ne dirai pas de force, mais de vigueur qui le surexcite et le soutienne (B).

Or, ce supplément de vigueur, il le trouvera dans ses branches, s'il en est suffisamment pourvu et s'il n'est transplanté qu'à l'époque précise où les bourgeons que portent ces branches se dilatent, se gonflent et se développent, c'est-à-dire au printemps.

De plus, il est naturel de penser qu'on augmentera les chances de réussite de la plantation, si l'on active le développement de ces bourgeons, en effectuant la plantation soit à une altitude soit à une exposition plus chaudes que celles d'où proviennent les jeunes plants (1).

Il est vrai que, en opérant de la sorte, il faudra généralement se

---

(A) *La souffrance est en raison directe de la sensibilité.*

(B) *On y résiste moins par la force que par l'énergie.*

(1) De même, il paraîtrait y avoir avantage, pour les feuillus, à placer les jeunes plants dans des conditions qui ralentissent plutôt qu'elles n'augmenteraient la végétation aérienne (altitude moindre, exposition moins chaude, taille des plants.)

soumettre à planter dans un sol un peu moins humide peut-être et subir cette chance défavorable ; mais nous estimons que, en général, l'effet d'un léger accroissement de chaleur l'emportera sur celui d'une légère diminution d'humidité, parce que le premier de ces deux effets est principal, plus subtil et plus vif — *à expérimenter*.

Ainsi se doivent effectuer *au printemps* les plantations d'*essences à feuilles persistantes*.

Lorsqu'on sera obligé de planter en automne, nous estimons qu'il ne sera pas indifférent de le faire à une époque quelconque de cette saison, mais qu'il faudra choisir le moment (moment restreint) qui sera le plus favorable et que voici :

Nous avons signalé que, à la maturité des fruits ou plutôt vers la chute des feuilles, il se produit dans la sève des bois feuillus un mouvement qui tend à la ramener vers les racines. Ce mouvement n'existe pas ou n'est qu'insensible dans les résineux, puisque ceux-ci ne perdent, à l'automne, qu'une faible partie de leurs feuilles. Mais pour les résineux, comme pour les feuillus, il arrive encore que la sève, à cette époque, se porte sur les *yeux des bourgeons*, pour en faire des *boutons*, qu'elle développe quelquefois prématurément assez pour en faire des bourgeons proprement dits et déterminer même la formation de *feuilles* ou de *fleurs*.

L'époque et l'intensité de ce dernier phénomène (la transformation des *yeux* en *boutons*) varient avec les essences et les climats, et c'est lorsqu'il se produit prématurément, qu'il est ordinairement le plus marqué. De là, l'expression de *sève d'août*, expression impropre, parce qu'elle déplace et restreint la phase et la durée du phénomène général.

Cette action particulière de la sève sur la formation des bourgeons en automne, qui est, du reste, incomparablement moins sensible chez les essences à feuilles persistantes, s'affaiblit progressivement à mesure que les latitudes ou les altitudes augmentent (1).

(1) A Privas (latitude de 44° 44' et altitude de 300 m.) le phénomène nous est apparu vers le milieu d'octobre pour l'*épicéa* et le *pin noir d'Autriche*, vers les derniers jours du même mois chez le *pin sylvestre*. A cette dernière époque, les bourgeons du *cèdre* et du *pin maritime* ne présentaient encore aucune apparence de gonflement.

Les belles sapinières de l'Ardèche, dont l'altitude varie de 1,200 à 1,600 m., ne paraissent pas jouir d'une sève d'automne.

Il y a donc, en automne, pour les résineux, un moment où le mouvement de la sève s'anime, pour ainsi dire, et surexcite la vie. Mais ce n'est qu'un moment et le mouvement n'a rien absolument de l'ampleur ou de la vivacité de celui qui se produit au printemps. C'est pourquoi les plantations résineuses de l'automne ont infiniment moins de chances de réussite que celles du printemps.

Effectuées, d'ailleurs, en dehors de ces mouvements périodiques de la sève, les plantations résineuses, même les mieux exécutées, languissent ou sommeillent d'abord et ne s'éveillent que tard ou jamais. Le plus souvent elles languissent indéfiniment et se rabougrissent ou périssent.

Donc, en règle générale, c'est en automne qu'il faut planter les feuillus ; c'est au printemps qu'il faut planter les résineux. — 7e Règle.

TAILLE DES PLANTS. — En dehors de la *taille proprement dite*, les plants doivent toujours être rafraîchis ou nettoyés de toutes leurs parties mortes ou malades ; les racines trop longues seront raccourcies.

Quant aux branches vives ou à la *taille proprement dite*, il convient de distinguer : lorsque la force de reprise est dans les racines (plantations d'automne), on peut *tailler*, tailler plus ou moins vigoureusement selon les essences et même *recéper*. Il y a même nécessité de le faire plus ou moins, s'il est avantageux, comme nous l'avons dit, de favoriser plutôt que de contrarier le décroissement de vitalité des branches, à moins qu'il ne s'agisse d'une plantation hâtive, auquel cas il convient de retarder la taille, pour ne pas arrêter brusquement ou hâtivement le mouvement de la sève descendante. Lorsque la force de la reprise est dans les branches (plantations du printemps), il ne faut tailler qu'avec mesure et seulement au point de vue de l'équilibre à rétablir entre les branches et les racines.

De là notre 8e Règle : *Les résineux ne doivent jamais être taillés ; les feuillus peuvent toujours ou doivent même être taillés, en automne, mais ne peuvent l'être, au printemps, qu'avec mesure* (1).

---

(1) Sur 70 plants de vigne taillés, le 30 mars 1873, 7 sont aujourd'hui complètement morts, 22 meurent et les 41 vivants encore paraissent sérieusement compromis (St-Côme-*Gard*, le 24 mai 1873).

IX

DES ABRIS.

Rien de ce qui vit n'est *insensible* (1) (j'emploie cette expression dans sa qualification la plus étendue). De la vie naissent les *besoins;* la *sensibilité* provoque les *soins.* Moins il y a de sensibilité dans l'*être* qui vit, moins il y a sans doute à lui donner de soins; mais dès qu'il y a vie et sensibilité, il y a toujours existence de besoins et nécessité de soins.

Le bon père et la bonne mère entourent leurs enfants d'une tendre sollicitude; les animaux élèvent leurs petits.

Les forêts ne livrent pas aveuglément au hasard les graines destinées à les régénérer.

La graine qui tombe trouve, sous les débris de toute sorte qui la reçoivent et la recouvrent, l'humidité suffisante et la chaleur nécessaire à la germination; au-dessous, un sol pénétrable à sa radicule, qui s'y allonge d'autant plus et d'autant plus vite qu'elle a plus et plus tôt besoin de couverture; à la surface, tout ce qu'il faut d'air et de lumière pour le développement de la gemmule; un peu au-dessus et plus haut enfin, une foule de petits arbustes ou autres plantes et le couvert des anciens, qui vont l'abriter contre les ardeurs du soleil et les rigueurs des frimas.

C'est dans la nature; cela se voit; cela se comprend; et cependant on n'y pense pas toujours et l'on ne paraît pas s'en préoccuper assez, lorsqu'on a soi-même, je ne dirai pas : à régénérer les forêts qu'on a sous la main — ordinairement alors on s'en préoccupe —, mais à les refaire ou les créer — ce qui est bien plus difficile —.

Le sol est le premier besoin de la graine qui germe. Plus il sera ameubli, plus vite et mieux y pénètrera la radicule; plus vite et

---

(1) Des ressemblances que l'on voit entre le *pollen* des végétaux et celui des animaux il paraît naturel de conclure que les dissemblances entre les animaux et les végétaux ne sont peut-être pas aussi grandes qu'on paraît autorisé à le croire. Pourquoi des *animalcules spermatiques* chez ces derniers, s'ils ne tiennent pas un peu de l'animal. — D'où cette conclusion qu'il y a peut-être plus de *sensibilité* chez les végétaux qu'il n'y en apparaît.

mieux aura pénétré la radicule, plus tôt et mieux elle sera couverte et abritée. Préalablement à tout semis, il faudra donc bien et profondément ameublir le sol.

Pendant que la radicule et ses radicelles se développent, la tigelle et la gemmule commencent à se former. La tigelle s'allonge et finit par amener la gemmule à la surface, où cette dernière se déroule et s'étale. On conçoit tout ce qu'il y a de délicat en elle et les feuilles qui vont pousser ; le moindre excès de froid ou de chaud peut les saisir et les tuer; des abris deviennent nécessaires, et s'il n'y en avait pas de naturels, il faut toujours en avoir fait, préalablement au semis, qui protégeront les tiges et surprotégeront les racines.

Et comme il faut tout aussi bien abriter contre les excès de froid que contre les excès de chaud — ce à quoi l'on ne pense guère habituellement —, ces abris seront permanents autant que possible ou formés de petits arbustes et autres plantes à feuilles ou rameaux persistants.

Ce sera de la dépense sans doute ; mais qu'importe ?... si elle est productive.

Dans une forêt, les graines sont répandues à profusion, et si le semis d'une année manque, on peut espérer et compter même sur celui de l'une ou de l'autre des années qui suivront. Il peut y avoir retard d'arrivée à la vie de la génération nouvelle ; mais l'ancienne est toujours là, qui utilise la force productive du sol.

Dans les repeuplements artificiels, au contraire, toute *non-réussite* se résout en une *perte* sérieuse de temps et d'argent. Or il ne faut pas perdre de vue qu'une dépense mal faite ou inutile est toujours onéreuse, tandis qu'une dépense bien faite ne l'est pas ordinairement, quelque coûteuse qu'elle soit.

Quoi qu'il en coûte, il ne faut donc laisser que le moins possible à l'imprévu des chances tant ordinaires qu'extraordinaires d'insuccès.

Il faut donc ne semer sur un sol non abrité naturellement qu'après s'y être créé des abris. A défaut d'abris superficiels, il faut en demander au sol et, pour cela, semer aussi profondément *que possible*, c'est-à-dire à la condition de ne compromettre en aucune manière la levée des graines.

Les semis profonds en terrains nus et découverts ont le grand avantage, ne levant que tardivement, c'est-à-dire après une ou plusieurs années, d'être plus robustes de racines à la levée (1) et de trouver alors un abri sous le couvert des petits arbustes et autres plantes dont la culture du sol et le temps ont pu provoquer l'apparition. Ces menus peuplements, comme le sous-bois, sont aux peuplements élevés ou supérieurs ce que le duvet est à la plume.

L'on ne se figure pas tout ce que les fautes qu'on croyait avoir commises, d'avoir semé trop profondément, font retrouver plus tard de semis qu'on croyait perdus.

Au point de vue des abris, les plantations sont à-peu-près soumises aux mêmes règles que les semis.

C'est pourquoi je dis qu'*il ne faut généralement* (2) *semer ou planter qu'après avoir bien et profondément ameubli le sol et sur un sol abrité. A défaut d'abris, ne semer que profondément et planter un peu plus profondément* (3) *qu'on le ferait, sans ce défaut.* — 9e Règle.

---

(1) Les semis profonds conviennent encore aux essences dont c'est plutôt à la tige qu'aux racines et aux feuilles que nuisent les excès de froid ou de chaud, comme le chêne vert ou le hêtre, parce que, dans ces cas, les feuilles séminales s'étalent et se développent dès leur sortie de terre et ne laissent pas ainsi à la tige le temps de s'allonger ou s'élever immédiatement.

(2) *Généralement et non nécessairement*, parce que certaines essences sont assez robustes pour qu'il n'y ait pas plus besoin de les abriter, à leur naissance, que d'en semer la graine profondément. Dans le département de la *Haute-Loire*, par exemple, (le seul que nous citions de ceux ou croît le *pin d'Auvergne*, parce que c'est le seul que nous connaissions), s'il suffit, après y avoir défriché partie d'une pineraie et en avoir retiré quelques récoltes, de ne plus toucher au sol, pour qu'il se reboise complétement au moyen des graines qu'y répandent les parties conservées à l'état de bois, c'est que le sol y a été bien et profondément ameubli. *Dans* les sapinières d'Uriage (Isère) et autres attenantes ou voisines, les vides, où le sol n'est ni couvert, ni remué, ne se repeuplent pas ou ne se repeuplent que difficilement ; *au-dessous*, le sapin envahit les taillis (influence du couvert ou des abris) et envahirait les terres cultivées (influence de l'ameublissement), pour peu qu'on les lui abandonnât.

(3) Lorsqu'il s'agit de hautes ou moyennes tiges, il importe de veiller à ce que les branches conservent dans la plantation leur orientement d'origine, qui se reconnaît à leur degré de développement. Plus d'une fois, il m'est arrivé de reconnaître, à ce signe, les sujets qui avaient le plus ou qui avaient le moins de chance de réussite. Lorsqu'il s'agit de basses tiges, les *potets* peuvent toujours

Et comme les jeunes plants s'abritent d'autant plus mutuellement qu'ils sont plus serrés, ***mieux vaut semer serré par places ou bandes étroites que clair par bandes larges ou en plein ; mieux vaut planter par mottes*** (1) ***de 4 à 6 tous jeunes plants que par brins uniques plus âgés***. — 10e Règle.

PÉPINIÈRES. — Il est souvent plus sûr ou plus économique de planter que de semer. De là, l'utilité des pépinières. Les semis et les transplantations en pépinière ou repiquages doivent être abrités comme tous autres ; contre les vents froids : rideaux forestiers à l'extérieur, murs ou palissades de clôture élevés, à l'intérieur châssis verticaux ou simples couches de mousse ; contre les ardeurs du soleil : châssis horizontaux ou simples couches de mousse (2).

être édifiés de façon à donner de l'abri aux jeunes plants. Nous adressons les incrédules sur ce point à M. Thiriat, conservateur des forêts à Nimes, à qui nous devons d'avoir nettement fixé nos idées sur l'application des plantations par *touffes*, en les spécialisant suivant qu'il s'agit de résineux ou de feuillus.

(1) L'*extraction par mottes* endommage moins les racines et conséquemment assure mieux la reprise.

Une fois assurée la reprise, les *mottes* ou *touffes*, tant en pépinière qu'à demeure fixe, seront *rigoureusement* éclaircies (non par arrachis, bien entendu, mais par taille au moyen du sécateur à hauteur des premières branches, les tiges ou troncs pouvant encore servir de tuteurs), au fur et à mesure du développement des brins, jusqu'à ce qu'il n'en reste plus qu'un de chaque touffe.

Cette opération, *qui est rigoureuse*, ne pouvant s'effectuer utilement sur des *touffes feuillues*, ces essences ne se prêtent pas à ce genre de plantations et ne doivent être ainsi repiquées en pépinière ou plantées à demeure fixe que par *brins uniques*.

(2) Peu ou point d'arrosages, si ce n'est à la mise en terre des graines, après la levée des plants et pendant les chaleurs du premier été, pour pousser au développement des feuilles et des branches. Ne pas perdre de vue que c'est généralement une erreur de croire à la supériorité des binages sur les arrosages pour conserver ou donner de la fraîcheur au sol ; les binages purgent, aèrent et fertilisent donc, mais ne rafraîchissent pas ou ne rafraîchissent qu'aux heures fraîches et un peu au-delà. Ils ont, du reste, par cela même qu'ils augmentent le rayonnement et l'absorption calorifique du sol, le grand inconvénient d'accroître les variations diurnes de température : plus de fraîcheur, la nuit ; mais plus de chaleur pendant la journée.

Les plants ne devant être que solidement charpentés, ne pas semer dru. Beaucoup mieux vaut, après s'être assuré de la qualité des graines, semer clair et uniformément et ne repiquer que les parties trop serrées. Peu de repiquages d'ailleurs et ne repiquer les résineux qu'en *mottes* (à éclaircir après reprise), parce que mieux vaut planter par mottes de quelques tout jeunes plants que par brins uniques plus âgés. Diminution progressive des abris.

Les plants, qui ne doivent que le moins et le moins longtemps souffrir après leur extraction, souffrent cependant encore et quelquefois beaucoup par le transport. De là, la supériorité incontestable, même en dehors des conditions de rapprochement favorables à l'acclimatation, des *pépinières volantes ou locales.* Donc *peu de pépinières centrales* et surtout *pas de pépinières régionales* ou *plus que régionales*, ces pépinières n'étant que rarement avantageuses et presque jamais entièrement utilisées.

X

RÉSUMÉ : PRINCIPES ET RÈGLES.

PRINCIPE ORIGINEL ET PROVOCATEUR OU INDICATEUR : — C'est surtout dans *les racines* et dans *leurs rapports* avec les *branches* qu'il faut étudier *la vie des arbres.*

—

1er PRINCIPE : Les résineux redoutent plus que les feuillus les variations annuelles de température.

2e PRINCIPE : Toute essence (résineuse ou feuillue) craint d'autant moins le chaud, que son feuillage est moins épais.

3e PRINCIPE : Toutes essences, les feuillues surtout, craignent d'autant moins le froid, que leurs racines tracent davantage.

4e PRINCIPE : *Les racines* des essences à feuilles persistantes ou *des résineux, par cela même qu'elles dépendent* plus ou moins des feuilles et des branches, *peuvent compter* sur elles en cas d'attaque, leur puissance propre n'étant qu'en rapport ou proportion (inverse) de leur dépendance.

Si l'on s'expose à les endommager, si on les endommage, ce ne doit être, autant que possible, qu'au moment où *les feuilles et les branches* sont le mieux à même de leur donner secours et protection.

5e PRINCIPE : *Les racines* des arbres à feuilles caduques ou *des feuillus, par cela même qu'elles sont plus ou moins indépendantes* des feuilles et des branches, *sont en mesure de se suffire* à elles-mêmes en cas de dommage, leur puissance propre étant en rapport ou proportion (directe) de leur indépendance.

Si l'on s'expose à les endommager, si on les endommage, ce ne doit être, autant que possible, qu'au temps où elles se trouvent *personnellement* en état de mieux résister au mal et de mieux réparer le dommage.

—

1re RÈGLE : Pour acclimater une essence à un climat *plus froid* que son climat d'origine, mélange de résineux (à feuillage plus épais, si l'essence est résineuse) acclimatés ou acclimatables à climat plus froid encore.

2e RÈGLE : Pour acclimater une essence à un climat *plus chaud* que son climat d'origine, mélange de feuillus (si l'essence est feuillue) ou de résineux (si l'essence est résineuse) à feuillage plus épais et acclimatés ou acclimatables à climat plus chaud encore.

3e RÈGLE : Pour acclimater une essence à un climat *plus froid en hiver et plus chaud en été,* mélange de résineux à feuillage plus épais et dont l'amplitude de tempérament embrasse et dépasse suffisamment en tous sens l'amplitude du climat sur ou sous lequel on veut opérer.

4e RÈGLE : *L'élasticité* et *l'extensibilité* du tempérament constitutionnel peuvent se mesurer : d'abord, comme la *puissance*, à la légèreté du feuillage et à l'horizontalité des racines, puis à l'érection des branches et à l'ampleur verticale de l'enracinement.

5e RÈGLE : *Les semis* s'exécuteront de préférence au printemps pour les essences qui craignent plus le froid que le chaud, et à l'automne pour celles qui craignent plus le chaud que le froid.

6e RÈGLE : Si le tempérament de l'essence n'est pas suffisamment connu, peu importe la saison des *semis* pour les feuillus ; les résineux seront *semés* au printemps ou en août.

7e RÈGLE : C'est *en automne* qu'il faut planter *les feuillus ;* c'est *au printemps* qu'il faut planter *les résineux.*

8e RÈGLE : Les plants résineux ne doivent jamais être *taillés.* Les plants feuillus peuvent toujours ou doivent même être *taillés*, en automne ; mais ne peuvent l'être, au printemps, qu'avec mesure.

9e RÈGLE : Ne *semer ou planter* qu'après avoir bien et profondément *ameubli* le sol et *sous abri.* A défaut d'abri, ne semer et même planter que plus ou moins *profondément.*

10e RÈGLE : Mieux vaut *semer serré* par places ou bandes étroites que *clair* par bandes larges ou en plein. Mieux vaut planter les résineux par *touffes* de 4 à 6 tout jeunes plants que par *brins uniques* plus âgés.

—

RÈGLE GÉNÉRALE *(hors classe comme non déduite de la théorie) :*
Les travaux de repeuplement doivent *toujours* être *surveillés : avant* (préparation du sol, y compris les abris), *pendant* (intelligente, opportune et bonne exécution) *et après* (soins conservateurs et adjuvants).

Troisième Partie.

XI

(*Ouvert aux*)

OBJECTIONS OU DIFFICULTÉS, SOLUTIONS, APPLICATIONS DIVERSES.

1. Objections aux 4e et 5e principes :

Pourquoi le mélèze, qui perd ses feuilles en hiver, ne repousse-t-il pas de souche?

Pourquoi le chêne vert et le chêne-liége, qui ne perdent pas leurs feuilles en hiver, repoussent-ils de souche?

A ces objections on pourrait peut-être se contenter de répondre qu'il n'y a que peu de règles sans exceptions. Les uns prétendent même que les exceptions confirment la règle.

Nous le voulons bien ; mais à la condition cependant qu'elles ne la détruisent pas et qu'elles s'expliquent.

L'exception qui détruit la règle n'est pas une exception ; celle qui ne s'explique pas ne confirme rien.

Aux cas particuliers, nous pouvons remarquer d'abord, en dehors de toutes considérations théoriques, qu'il s'agit ici d'essences à caractères tout particuliers et exceptionnels : *le mélèze*, le seul de nos résineux à feuilles caduques ; *le chêne vert* et *le chêne-liége*, les seules de nos essences feuillues à feuilles persistantes; essences intermédiaires ou à caractères semi-résineux et semi-feuillus, dont les propriétés doivent naturellement participer de celles de nos deux grandes classes d'essences.

Et voilà que nos exceptions se comprennent déjà si bien et s'admettent si facilement, qu'on serait presque tenté de s'étonner qu'elles ne se fussent pas produites.

Elles ne détruisent donc pas la règle.

Essayons de les expliquer :

Et d'abord, en ce qui concerne *le mélèze*, il n'est pas rigoureusement vrai de dire qu'il ne repousse pas de souche. De plus, aux altitudes qu'il affectionne, s'il conservait ses feuilles en hiver, feuilles et branches succomberaient sous le poids des neiges; la chute des feuilles, à l'automne, est donc forcée, quoi qu'il puisse arriver de bien ou de mal pour les racines. Enfin, de ce que les arbres à feuilles caduques doivent plus ou moins repousser de souche, il ne suit pas, en principe, que la repousse soit nécessaire, le moins pouvant bien mathématiquement devenir égal à zéro ; mais comme cette raison pourrait bien n'être prise que pour une fin de non-recevoir, nous ajoutons : en fait, par cela même que les feuilles du *mélèze* ne persistent pas, leurs rapports avec les racines ne sont pas intimes et les racines doivent jouir d'une certaine indépendance qui localise en elles assez de vitalité pour que les rejets se forment ou tendent tout au moins à se former, après la coupe de la tige. Or, en fait, non-seulement cette tendance existe ; mais le *mélèze* repousse encore souvent de souche, comme nous l'avons dit.

Ne connaissant pas assez le *chêne-liége*, — nous ne l'avons jamais vu, — nous n'avons rien à dire de lui, pour le moment, si ce que nous allons dire et raconter du *chêne vert* ne lui est pas applicable.

Quant au *chêne vert*, nous avons vu que la persistance de ses feuilles n'est qu'un effet médiat d'excès de chaleur ou de variations brusques de température, effet qui ne s'attache qu'aux feuilles et s'y arrête ; qu'elle n'est pas la conséquence de rapports intimes entre les feuilles et les racines. Ces racines jouissent donc de toute l'indépendance nécessaire à l'entretien de la vie et rien ne s'oppose à ce que la souche *rejette*, après la coupe de la tige.

Cependant on peut et, poussant en ceci jusqu'au scrupule le respect des difficultés et des objections, il faut même reconnaître que la persistance des feuilles doit engendrer, à la longue, sinon en principe, du moins en fait et comme effet d'un état chronique, une certaine intimité des branches et des racines, qui amoindrit l'indépendance de ces dernières et entrave plus ou moins l'exercice naturel de leur faculté reproductrice. Or, en fait, il y a bien des entraves, et si bien que, si on ne les brisait, la souche ne rejetterait pas. Ces entraves qui les brise donc? le bucheron. Et comment les brise-t-il? En exploitant entre deux terres. Par le fait de cette exploitation, qui est nôtre et non naturel, les rejets ne naissent, ne se développent et ne s'élèvent que protégés ; protégés par notre fait. Sans cela, sans notre fait, les souches ne repousseraient pas régulièrement; mais beaucoup d'entr'elles périraient, aux premiers grands froids.

En principe, la souche du *chêne vert* est indépendante et doit rejeter ; en fait, la persistance des feuilles entrave la repousse. Mais, une fois brisées les entraves, la souche, drageonneuse et par cela même vivace et vigoureuse, ressaisit toute son indépendance et s'anime, pour ainsi dire, d'autant plus, que sa liberté n'était que virtuellement engagée.

L'objection n'est pas capitale. J'insiste cependant pour être compris, et reprends mon explication sous une autre forme et par supposition que je reporte aux temps fabuleux du bon Lafontaine.

En ce temps-là, le *chêne vert* se dépouillait de ses feuilles, à l'approche de l'hiver, comme tous les autres feuillus, et les rapports de ses branches avec ses racines n'étaient pas intimes. Mais alors, comme aujourd'hui, sa tige était délicate ; les moindres excès de froid la déchiraient et la tuaient souvent et ses branches avec ou après elle. La souche, vigoureusement constituée, ne périssait pas, mais survivait et produisait de nouvelles tiges; que lui importait la mort de l'ancienne?

Mais la tige s'unit d'amour avec les branches, et celles-ci gardèrent leurs feuilles en hiver, pour la couvrir et la défendre.

La souche ne souffrit pas de cette union, qui lui faisait une vie plus douce et plus facile en hiver; mais elle s'en trouva si bien, qu'elle se rattacha bien vite aux branches par l'intermédiaire du tronc, et l'intimité ne tarda pas à devenir complète ; on ne naissait plus, on ne vivait et ne mourait plus qu'ensemble.

Lorsque, un jour, un homme arriva, qui se mit à couper la tige, — il en avait besoin — et la souche mourut ; son intimité nouvelle la vouait solidairement, la condamnait à la mort, malgré la puissance originelle de sa constitution. Ses racines se recouvraient bien encore de drageons et les rejets s'efforçaient bien de venir au monde ; mais le feuillage n'était plus là, qui les protégeait si bien naguère, et le moindre froid les tuait ; la mort des rejets tuait la souche. Ainsi le voulait *la loi* ou *le principe d'intimité*.

L'homme fut le premier à s'en plaindre ; parce qu'il ne retirait pas du chêne que du bois pour se chauffer. Il y trouvait aussi des matériaux précieux et, ce qui valait plus encore, *le tan*, qu'il employait à la conservation des peaux dont il s'habillait.

Et c'est alors qu'intervint *la loi* ou *le principe du couvert*. Elle dit à l'homme : Si la souche ne peut plus se passer du couvert des feuilles, donne-lui celui de la terre; coupe la tige plus bas et recouvre-la ; les rejets, dont la souche ne peut se passer, naîtront plus vite souterrainement, ne sortiront plus tard que robustes et ne périront pas, une fois sortis, protégés qu'ils seront par la terre en leur pied et jusqu'à une certaine hauteur. L'intimité ne sera que troublée ; de sœur, la souche deviendra mère.

Et l'homme fit ce que la loi du couvert lui disait de faire (1).

Ainsi, nos exceptions ne sont pas radicales.

Non seulement elles s'expliquent ; mais *elles s'expliquent* encore *par la règle* elle-même ; et alors n'est-ce pas, ou jamais, le cas de dire qu'*elles la confirment?*

---

(1) Pour bien et régulièrement repousser de souche, le chêne vert doit être nécessairement coupé entre deux terres ; les rejets doivent se former de suite, même en hiver (alors souterrainement). De là, l'impossibilité de son exploitation par les fortes gelées ; non pas que ces gelées arrêtent complètement la repousse ou tuent fatalement la souche ; mais comment exploiter entre deux terres, quand la terre est gelée !

En 1829, partout où, dans le Gard, on fut obligé, pour se chauffer, d'exploiter le chêne vert pendant les fortes gelées, les souches périrent, parce qu'on *n'avait* pu couper entre deux terres.

Quelque brutale que soit l'exploitation, pourvu qu'il n'y ait pas abus et qu'elle se fasse entre deux terres, la repousse a toujours lieu, parce qu'elle commence de suite.

En dehors de ces deux conditions, il n'y a qu'une pousse confuse et lente de drageons.

NOTA. Dans les Alpes, j'avais recommandé la règle — il y a longtemps de cela et j'ignore si on l'a conservée — de n'exploiter le *chêne blanc*, en hiver surtout, qu'entre deux terres ; et je crois qu'on s'en trouvait bien. — Je retrouve dans le Gard, en 1873, *cette exploitation* du chêne blanc *entre deux terres*. **Je la recommande à nouveau, surtout aux forestiers des pays froids.**

2. LES REJETS DE SAPIN ET DE CERTAINS AUTRES RÉSINEUX.

Si les feuilles du sapin ne tombent pas à l'automne, c'est que les rapports entre ses branches et ses racines sont des rapports de la nature la plus intime. Les branches mortes, la souche doit mourir. De là, l'inutilité, de là, l'absence de germes à recrû.

Si l'on voit des rejets de sapin, comme je déclare en avoir vu et en avoir fait voir sur la souche même, c'est que la souche n'est pas morte ; et si la souche n'est pas morte, c'est que la tige vit encore. Et la voilà cependant abattue, gisante à côté !

Dans ce cas, il y avait là deux arbres jumeaux, deux souches jumelles ; l'un des jumeaux est abattu ; mais celui qui reste suffit à la vie des deux jumelles. La jumelle privée de sa tige s'accroît en un bourrelet qui prouve sa vitalité. Elle vit ; elle peut donc pousser des rejets. Elle en poussera, s'il y en a des germes. Et pourquoi n'y en aurait-il pas quelqu'un ou quelques-uns, par hasard ?

D'autres résineux se trouvent dans le même cas. Et, sans que tiges et souches soient jumelles, il pourra suffire d'une *anastomose* intime, par accident ou naturelle, entre les racines d'arbres rapprochés, pour que les souches ne meurent pas et rejettent.

Il y a plus : je crois encore et je dis, quelque hardie que soit cette conception : la continuité, la persistance de l'anastomose pourra conduire à sa naturalisation dans les racines, et cette naturalisation pourra provoquer les souches à se créer des organes de repousse et à repousser naturellement.

3. LE HÊTRE ET LE SAPIN.

Tempéraments. Substitutions d'essences.

L'opinion générale paraît être que le *hêtre* résiste plus au froid que le *sapin*. Ce n'est pas la mienne, et voici mes raisons :

En quelque lieu que croisse et végète naturellement une essence et quel qu'y soit l'état actuel de sa végétation, l'on peut affirmer qu'elle y a prospéré et que, si elle n'y prospère plus, c'est que les conditions de son existence n'y sont plus les mêmes.

Or, je n'ai jamais vu le *hêtre* au-dessus du *sapin* qu'à l'état rabougri.

C'est donc qu'il a prospéré là où je ne l'ai trouvé que rabougri ; et s'il n'y prospère plus, pourquoi cela ?

Faut-il l'attribuer à un refroidissement du sol ou du climat ? Mais, d'une part, d'après Fourier, la chaleur terrestre n'augmenterait pas de $\frac{1}{30}$ la température moyenne de la surface du sol et le refroidissement du globe serait de moins de $\frac{1}{57600}$ pour un siècle ; d'autre part, d'après Arago, le climat de la France n'aurait pas changé sensiblement depuis des siècles.

Le sol serait-il fatigué du hêtre ? Mais cette raison n'en serait pas une pour tout le monde et ne saurait, d'ailleurs, être donnée *dans tous les cas ; pas plus que* les abus de pâturage.

Ne pouvant accuser toujours ni même principalement le sol ou le climat ou quelque abus de pâturage de cette dégénérescence du hêtre aux grandes altitudes, force nous est bien de chercher ailleurs l'explication des cas autres que ceux à porter au compte du pâturage ou d'accidents tout particuliers et bien définis. Or, voici celle que je trouve dans le peuplement lui-même par application du *projet de théorie* que je viens d'exposer (1) :

La disposition traçante des racines du hêtre dénonce une grande puissance de tempérament vis-à-vis des froids de l'hiver, mais qui a ses limites, limites qui s'imposent au tempérament-de-fait et fixent des bornes à son amplitude. Ces bornes seraient reculées, si les feuilles ne tombaient pas, à l'automne ; elles le seront, si l'on pourvoit au couvert par un mélange de résineux. De telle sorte que, si l'on voit le *hêtre* s'associer si bien au *sapin*, aux grandes altitudes, c'est que, quelque robuste qu'il soit déjà contre le froid, l'abri du feuillage ne lui nuit cependant pas en hiver, aux limites supérieures de sa station naturelle et lui devient utile ou nécessaire, à mesure qu'il va s'élever ou s'élève au-dessus de cette station.

Mais le *sapin*, s'il se trouve déjà vers la limite supérieure de sa station naturelle, souffrira nécessairement du mélange, qui le prive d'une partie de son couvert, et disparaîtra petit à petit fatalement.

(1) Si cette explication n'est pas la bonne, il n'en coûtera certainement à personne de reconnaître qu'elle est du moins plus forestière et conséquemment, pour nous, plus rationnelle que toute autre connue.

Et voilà comment le ***hêtre*** va se trouver au-dessus du ***sapin.***

Mais, fatalement aussi, le hêtre, maintenant privé du couvert du sapin, va se rabougrir et finira par disparaître.

Si le sapin disparaît avant le hêtre, c'est que la puissance de tempérament des feuillus est plus grande que celle des résineux ; c'est que le tempérament constitutionnel du hêtre est plus élastique que celui du sapin.

Ainsi s'explique l'existence de peuplements de hêtre pur au-dessus du sapin et par cela même la substitution du hêtre au sapin dans certaines forêts, substitution dont on n'a pu donner encore, que je sache, aucune explication satisfaisante.

Corollaire. *De la génération spontanée.* — (A traiter.)

4. *Faut-il semer ? — Faut-il planter ?*

Cela dépend. Mais je préciserai.

Généralement, toute plantation comme tout semis exécutés conformément aux lois de l'acclimatation et appropriés aux qualités du sol doivent réussir, pourvu que la graine soit saine, que les plants soient fortement constitués et que les travaux soient bien et à propos effectués d'abord, puis suffisamment surveillés et soignés. C'est là bien des exigences peut-être et des difficultés ; mais les difficultés sont plus apparentes que réelles et les exigences sont rigoureuses.

Forestièrement, mieux vaut semer que planter; c'est dans la nature.

Forestièrement, mieux vaux semer que planter ; c'est plus facile.

Il ne faut planter, autant que possible, ni les essences à trop longs pivots — l'extraction des plants donne trop de peine —, ni celles absolument et longuement traçantes — l'opération de leur mise en terre est trop délicate—.

Mieux vaut semer les résineux et planter les feuillus que semer les feuillus et planter les résineux ; parce que, d'une part, le tempérament constitutionnel des racines feuillues est plus puissant que celui des résineuses, et, d'autre part, qu'on a plus de temps à soi pour planter les feuillus en automne que pour planter les résineux au printemps.

Plus jeune est le plant, moins il est sujet à dommages et plus la reprise est assurée.

Moins on a d'ouvriers habiles, moins il faut planter.

Il ne faut semer ni planter par les grands froids ni par les grandes chaleurs.

Généralement et de préférence :

En *mars ou avril,* suivant les climats et les essences, semis résineux et semis de feuillus qui craignent plus le froid que le chaud ;

En *avril ou mai,* suivant les climats et les essences, plantations résineuses, mais seulement, *pour chaque essence,* dans sa période plus ou moins restreinte de développement des bourgeons ;

En *août,* semis (*d'automne*) des essences qui ne craignent trop ni le chaud ni le froid, mais qui cependant craindraient plutôt un excès de froid qu'un excès de chaud ;

En *septembre* (1e quinzaine), semis (d'automne) des essences qui ne craignent trop ni le chaud ni le froid, mais qui cependant craindraient plutôt un excès de chaud qu'un excès de froid ;

En *septembre, octobre* ou *novembre,* suivant les climats et les essences (de un à deux mois au moins pour chaque essence), plantations feuillues et semis *mixtes.*

Reste maintenant à déterminer pour *chaque essence* sa période précise de chaque travail suivant les climats. C'est *nécessaire,* si l'on veut travailler sciemment ou *avec fruit.*

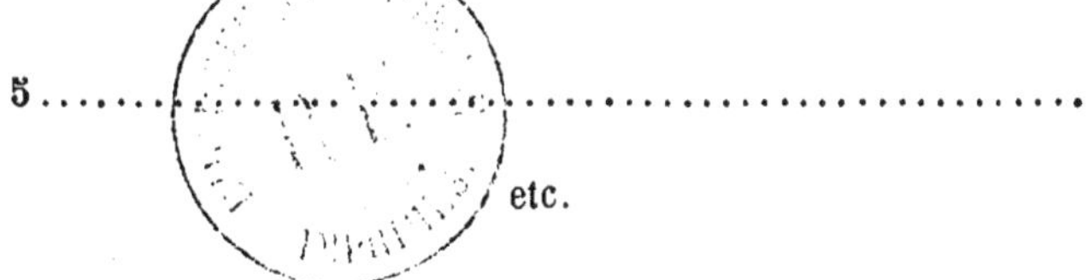

5 ....

etc.

TABLE DES MATIÈRES

Nimes. Typ. Soustelle, boulevart St-Antoine, 9.

www.ingramcontent.com/pod-product-compliance
Ingram Content Group UK Ltd.
Pitfield, Milton Keynes, MK11 3LW, UK
UKHW021029180726
13838UKWH00004B/1682

9 782329 372075